INTRODUCTION

Mathematicians have faced many challenges over the centuries and struggled with significant problems. One problem was the approach towards the real numbers, however the obstacle disappeared after serious studies. As soon as the foundation has been set, the mathematical community was familiar working over the set of the Real numbers. During further mathematical research, other problems occurred that troubled scientific community for years. For example, the widely known quadratic equation

$$a x^2 + \beta x + \gamma = 0$$

has real roots, if $\beta^2 - 4\alpha\gamma$ is positive. The real question is, what are the solutions if $\beta^2 - 4\alpha\gamma$ is negative? The obvious answer is that there are no solutions over the set of real numbers. This answer prevented mathematicians from moving further.

After careful consideration ,a simple equation shed light to what should be done .The equation is $x^2+1=0$ .which has no real solutions.What was decided was the expansion of real numbers ,with an element i such that $i^2=-1$.The new set ,is the set of complex numbers :

$$\mathbb{C} = \{\alpha + \beta i, a, \beta \in \mathbb{R}, i^2 = -1\}$$

$$\mathbb{C} \supset \mathbb{R}$$

To sum up ,in this book we will examine some basic properties of complex numbers through various examples and exercises accompanied by their solutions.

''I want to dedicate my work to my grandfather Nikolas ,who passed away in 26 th March of 2017.He didn't know a lot about mathematics ,but he knew a lot about life.''

Let us have the complex number $z = x + yi$

$$x, y \in \mathbb{R}$$

X is the real part of the complex number and y is the imaginary part. The mathematical expressions, according to previous statements are

$$x = Re(z)$$
$$y = Im(z)$$

****

Let $z = 5 + 3i$. What is the real part and the imaginary part of z?

The real part is $Re(z) = 5$.

The imaginary part is $Im(z) = 3$.

****

Let $z = 1 + i$. What is the real part and the imaginary part of z?

The real part is $Re(z) = 1$.

The imaginary part is $Im(z) = 1$.

****

Let $z = 1 - 3i$. What is the real part and the imaginary part of z?

The real part is $Re(z) = 1$.

The imaginary part is $Im(z) = -3$.

****

****

Let $z = 1 + 5i$. What is the real part and the imaginary part of z?

The real part is $Re(z) = 1$.

The imaginary part is $Im(z) = 5$.

****

Conjugate complex number : The conjugate complex number of z has equal real part and opposite imaginary part.

$$\bar{z} = x - yi$$

****

Let $z = 3 + 7i$. Find the conjugate number of z.

$$\bar{z} = 3 - 7i$$

****

****

Let $z = 8 - 5i$. Find the conjugate number of z.

$$\bar{z} = 8 + 5i$$

****

****

Let $z = -10 - 15i$. Find the conjugate number of z.

$$\bar{z} = -10 + 15i$$

****

Properties of the numbers z_1, z_2:

The sum of two complex numbers

$$z_1 + z_2 = x_1 + y_1 i + x_2 + y_2 i =$$
$$= (x_1 + x_2) + (y_1 + y_2)i$$

The difference between two complex numbers

$$z_1 - z_2 = x_1 + y_1 i - (x_2 + y_2 i) =$$
$$= x_1 + y_1 i - x_2 - y_2 i =$$
$$= (x_1 - x_2) + (y_1 - y_2)i$$

The product of two complex numbers

$$z_1 z_2 = (x_1 + y_1 i)(x_2 + y_2 i) =$$
$$= x_1 x_2 + x_1 y_2 i + y_1 x_2 i + y_1 y_2 i^2 =$$
$$= (x_1 x_2 - y_1 y_2) + (x_1 y_2 + y_1 x_2)i$$

Fraction of two complex numbers

$$\frac{z_1}{z_2} = \frac{x_1 + y_1 i}{x_2 + y_2 i} =$$

$$= \frac{(x_1 + y_1 i)(x_2 - y_2 i)}{(x_2 + y_2 i)(x_2 - y_2 i)} =$$

$$= \frac{x_1 x_2 - x_1 y_2 i + y_1 x_2 i + y_1 y_2}{x_2^2 + y_2^2} =$$

$$= \frac{x_1 x_2 + y_1 y_2}{x_2^2 + y_2^2} + \frac{y_1 x_2 - x_1 y_2}{x_2^2 + y_2^2} i$$

Sum of z_1 with 0

$$z_1 + 0 = x_1 + y_1 i + 0 = z_1$$

Product of a complex number and a scalar

$$c z_1 = c(x_1 + y_1 i) = c x_1 + c y_1 i$$

A complex number z and its conjugate

$$z + \bar{z} = x + yi + x - yi = 2x$$

$$z + \bar{z} = 2Re(z)$$

$$Re(z) = \frac{z + \bar{z}}{2}$$

$$z - \bar{z} = x + yi - (x - yi)$$

$$z - \bar{z} = x + yi - x + yi = 2yi$$

$$z - \bar{z} = 2Im(z)i$$

$$Im(z) = \frac{z - \bar{z}}{2i}$$

$$z\bar{z} = (x + yi)(x - yi) = x^2 - (yi)^2$$

$$z\bar{z} = x^2 + y^2$$

$$\frac{1}{z} = \frac{1}{x+yi} = \frac{x-yi}{(x+yi)(x-yi)} = \frac{x-yi}{x^2+y^2}$$

$$= \frac{x}{x^2+y^2} - \frac{yi}{x^2+y^2}$$

****

Let $z = 5 + 3i$ and $w = 8 + 7i$.

Find the following

$i) z + w, \ ii) z - w, \ iii) zw, \ iv) \dfrac{z}{w}$

$i) z + w = 5 + 3i + 8 + 7i = 13 + 10i$

$ii) z - w = 5 + 3i - (8 + 7i)$

$z - w = 5 + 3i - 8 - 7i = -3 - 4i$

$iii) zw = (5 + 3i)(8 + 7i) =$

$= 40 + 35i + 24i + 21i^2 = 19 + 59i$

$$iv) \frac{z}{w} = \frac{5+3i}{8+7i} = \frac{(5+3i)(8-7i)}{(8+7i)(8-7i)} =$$

$$= \frac{40 - 35i + 24i + 21}{64 + 49} = \frac{61}{113} - \frac{11}{113}i$$

****

****

Let $z = 1 + i$. Find z^2 and write it in the form $\alpha + \beta i$.

$$z^2 = z\,z = (1+i)(1+i) = (1+i)^2$$

$$z^2 = 1 + 2i + i^2 = 2i$$

****

****

Let $z = 1 + i$. Find $5z$ and write it in the form $\alpha + \beta i$.

$$5z = 5(1+i) = 5 + 5i$$

****

Let $z = x + yi$ and $w = \alpha + \beta i$,

$x, y, \alpha, \beta \in \mathbb{R}$

$$\overline{(z + w)} = \overline{(x + yi + \alpha + \beta i)} =$$

$$= \overline{(x + a + (y + \beta)i)}$$

$$= x + a - (y + \beta)i = x - yi + a - \beta i =$$

$$= \bar{z} + \bar{w}$$

$$\overline{(z - w)} = \overline{(x + yi - (\alpha + \beta i))} =$$

$$= \overline{x - a + (y - \beta)i} = x - a - (y - \beta)i =$$

$$= x - yi - (a - \beta i) = \bar{z} - \bar{w}$$

$$\overline{\left(\frac{z}{w}\right)} = \overline{\left(\frac{x + yi}{\alpha + \beta i}\right)} = \overline{\left[\frac{(x + yi)(a - \beta i)}{\alpha^2 + \beta^2}\right]} =$$

$$= \overline{\left(\frac{xa - x\beta i + ya i + y\beta}{\alpha^2 + \beta^2}\right)} =$$

$$= \overline{[\frac{xa+y\beta}{\alpha^2+\beta^2} + \frac{ya-x\beta}{\alpha^2+\beta^2}i]} =$$

$$= \frac{xa+y\beta}{\alpha^2+\beta^2} - \frac{(ya-x\beta)}{\alpha^2+\beta^2}i = \frac{\bar{z}}{\bar{w}}$$

$$\overline{(cz)} = \overline{c(x+yi)} = \overline{cx+cyi} = cx - cyi =$$

$$= c(x-yi) = c\bar{z}$$

****

Let $z = 3 + 6i$ and $w = 1 - 2i$. Find the complex number $\overline{(z+w)}, 3(z+w)$.

$$\overline{(z+w)} = \overline{(3+6i+1-2i)} = \overline{4+4i} =$$

$$= 4 - 4i$$

$$3(z+w) = 3(3+6i+1-2i) =$$

$$= 3(4+4i) = 12 + 12i$$

****

Equality between two complex numbers z and w.

The numbers z and are equal, when the real part of z is equal to the real part of w and imaginary part of z equal to the imaginary part of w.

$$z = w$$

$$Re(z) = Re(w) \text{ and } Im(z) = Im(w)$$

****

Let $z = x - 3 + (y + 2)i$ and $w = 1 + 5i$. Find for what values of x,y is true that $z = w$.

$$z = w$$

$$x - 3 + (y + 2)i = 1 + 5i$$

$$x - 3 = 1 \text{ and } y + 2 = 5$$

$$x = 4 \text{ and } y = 3$$

Let $z = x - 3 + (y + 2)i$ and $w = y + 2xi$. Find for what values of x,y is true that $z = w$.

$$z = w$$

$$x - 3 + (y + 2)i = y + 2xi$$

As far as the problem is concerned, we need to solve the system of two equations

$$\begin{cases} x - 3 = y \\ y + 2 = 2x \end{cases}$$

$$\begin{cases} x - y = 3 \\ 2x - y = 2 \end{cases}$$

Our next step is to substract the equations, in order to find the value of x.

$$x - y - (2x - y) = 3 - 2$$

$$x - y - 2x + y = 1$$

$$-x = 1$$

$$x = -1$$

Now that we know the value of x, we can find the value of y.

$$x - y = 3$$

$$y = x - 3$$

$$y = -1 - 3 = -4$$

Further inspection of the complex number

$$z = x + yi$$

$$Im(z) = y = 0 \Leftrightarrow z \in \mathbb{R}$$

$$Re(z) = x = 0 \Leftrightarrow z \in \mathbb{I}$$

****

Let $z = x - 8 + (y^2 - 3)i$.

i) Find for what value, z is a real number

ii) Find for what value, z is an imaginary number.

$$z \in \mathbb{R} \Rightarrow Im(z) = 0$$

$$y^2 - 3 = 0$$

$$(y - \sqrt{3})(y + \sqrt{3}) = 0$$

$$y = \sqrt{3} \text{ or } y = -\sqrt{3}$$

$$z \in \mathbb{I} \Rightarrow Re(z) = 0$$

$$x - 8 = 0$$

$$x = 8$$

****

Quadratic equation over the set of Complex numbers .

$$\alpha x^2 + \beta x + \gamma = 0$$

$$\Delta = \beta^2 - 4\alpha\gamma$$

$$\Delta = -(4\alpha\gamma - \beta^2)$$

$$\Delta = i^2(4\alpha\gamma - \beta^2)$$

$$x_{1,2} = \frac{-\beta \pm \sqrt{i^2(4\alpha\gamma - \beta^2)}}{2\alpha}$$

$$x_{1,2} = \frac{-\beta \pm i\sqrt{(4\alpha\gamma - \beta^2)}}{2\alpha}$$

The two distinct roots are complex numbers and the one is the conjugate of the other root.

$$x_{1,2} = \frac{-\beta \pm i\sqrt{(4\alpha\gamma - \beta^2)}}{2\alpha}$$

$$x_1 = \frac{-\beta}{2\alpha} + \frac{\sqrt{(4\alpha\gamma - \beta^2)}}{2\alpha}i$$

$$x_2 = \frac{-\beta}{2\alpha} - \frac{\sqrt{(4\alpha\gamma - \beta^2)}}{2\alpha}i$$

****

Solve the equation $x^2 + x + 1 = 0$ over the set of complex numbers.

$$\Delta = 1 - 4 \cdot 1 \cdot 1 = -3 = 3i^2$$

$$x_{1,2} = \frac{-1 \pm i\sqrt{3}}{2}$$

$$x_1 = \frac{-1}{2} + \frac{\sqrt{3}}{2}i$$

$$x_2 = \frac{-1}{2} - \frac{\sqrt{3}}{2}i$$

****

Solve the equation $z^3 + z^2 - z - 1 = 0$ over the set of the complex numbers.

$$z^3 + z^2 - z - 1 = 0$$

$$(z - 1)(z^2 + 2z + 1) = 0$$

$$(z - 1)(z + 1)^2 = 0$$

$$z - 1 = 0 \text{ or } z + 1 = 0$$

$$z = 1 \text{ or } z = -1$$

****

****

Solve the equation $z^3 - 1 = 0$ over the set of complex numbers.

$$z^3 - 1 = 0$$

$$(z - 1)(z^2 + z + 1) = 0$$

$$z - 1 = 0$$

$$z = 1$$

$$z^2 + z + 1 = 0$$

$$\Delta = 1 - 4 = -3 = 3i^2$$

$$z_{1,2} = \frac{-1 \pm i\sqrt{3}}{2}$$

$$z_1 = -\frac{1}{2} + \frac{\sqrt{3}}{2}i$$

$$z_2 = -\frac{1}{2} - \frac{\sqrt{3}}{2}i$$

****

Solve the equation $z^3 + z - 2 = 0$ over the set of complex numbers

$$z^3 + z - 2 = 0$$

$$(z - 1)(z^2 + z + 2) = 0$$

$$z - 1 = 0$$

$$z = 1$$

$$z^2 + z + 2 = 0$$

$$\Delta = 1 - 4 \cdot 2 = 1 - 8 = -7 = 7\,i^2$$

$$z_{1,2} = \frac{-1 \pm i\sqrt{7}}{2}$$

$$z_1 = -\frac{1}{2} + \frac{\sqrt{7}}{2}i$$

$$z_2 = -\frac{1}{2} - \frac{\sqrt{7}}{2}i$$

******************************████

******************************████

Solve the equation $z^3 - z = 0$.

$$z^3 - z = 0.$$

$$z(z^2 - 1) = 0$$

$$z(z-1)(z+1) = 0$$

$$z = 0$$

$$z = 1$$

$$z = -1$$

Solve the equation $z^2 + 1 + i = 0$.

$$(x + yi)^2 + 1 + i = 0$$

$$x^2 + 2xyi - y^2 + 1 + i = 0$$

$$x^2 - y^2 + 1 + (2xy + 1)i = 0$$

$$\begin{cases} x^2 - y^2 + 1 = 0 \\ 2xy + 1 = 0 \end{cases}$$

$$\begin{cases} x^2 - y^2 = -1 \\ 2xy = -1 \end{cases}$$

$$\begin{cases} (x^2 - y^2)^2 = 1 \\ (2xy)^2 = 1 \end{cases}$$

$$\begin{cases} x^4 - 2x^2y^2 + y^4 = 1 \\ 4x^2y^2 = 1 \end{cases}$$

We add by parts the two equations

$$x^4 + 2x^2y^2 + y^4 = 2$$

$$(x^2 + y^2)^2 = 2$$

$$x^2 + y^2 = \sqrt{2}$$

$$\begin{cases} x^2 + y^2 = \sqrt{2} \\ x^2 - y^2 = -1 \end{cases}$$

We add by parts the two equations

$$2x^2 = \sqrt{2} - 1$$

$$x^2 = \frac{\sqrt{2} - 1}{2}$$

$$= \pm\sqrt{\frac{\sqrt{2} - 1}{2}}$$

$$x = \pm\frac{\sqrt{2}}{2}\sqrt{-1 + \sqrt{2}}$$

$$xy = -\frac{1}{2}$$

$$\left(\frac{\sqrt{2}}{2}\sqrt{-1 + \sqrt{2}}\right)y = -\frac{1}{2}$$

$$y = -\frac{1}{(\sqrt{2})\sqrt{-1 + \sqrt{2}}}$$

$$z_1 = \frac{\sqrt{2}}{2}\sqrt{-1+\sqrt{2}} - i\,\frac{1}{(\sqrt{2})\sqrt{-1+\sqrt{2}}}$$

$$z_2 = -\frac{\sqrt{2}}{2}\sqrt{-1+\sqrt{2}} + i\,\frac{1}{(\sqrt{2})\sqrt{-1+\sqrt{2}}}$$

****

Solve the equation $z^2 - (1+i)^2 = 0$

$$z^2 - (1+i)^2 = 0$$

$$[z - (1+i)][z + 1 + i] = 0$$

$$z = 1 + i$$

$$z = -1 - i$$

****

Solve the equation $z^2 + w^2 = 0$.

$$z^2 + w^2 = 0$$

$$z^2 - i^2 w^2 = 0$$

$$(z - iw)(z + iw) = 0$$

$$z - iw = 0$$

$$z = iw$$

$$z + iw = 0$$

$$z = -iw$$

****

Solve the equation $z^2 + (\bar{w})^2 = 0$.

$$z^2 + (\bar{w})^2 = 0$$

$$z^2 - i^2(\bar{w})^2 = 0$$

$$(z - i\bar{w})(z + i\bar{w}) = 0$$

$$z = i\bar{w}$$

$$z = -i\bar{w}$$

Do not forget that the bar over w denotes the conjugate number of w .If you come across other bibliography ,sometimes they use other notations for conjugate number like the following $w^* = \bar{w}$.So ,if you see a different notation do not get confused .

****

Let $\dfrac{z-i}{z+2i} = \overline{\left(\dfrac{z-i}{z+2i}\right)}$. Show that the real part of z is zero, Re(z)=0.

$$\dfrac{z-i}{z+2i} = \overline{\left(\dfrac{z-i}{z+2i}\right)}$$

$$\dfrac{z-i}{z+2i} = \dfrac{i+\bar{z}}{-2i+\bar{z}}$$

$$(z-i)(-2i+\bar{z}) = (z+2i)(i+\bar{z})$$

$$z\bar{z} - 2iz - i\bar{z} + 2i^2 = z\bar{z} + iz + 2i\bar{z} - 2$$

$$-2iz - i\bar{z} = iz + 2i\bar{z}$$

$$3iz + 3i\bar{z} = 0$$

$$z + \bar{z} = 2Re(z) = 0$$

$$Re(z) = 0$$

****

Let $z = \dfrac{\bar{w}}{2} + \dfrac{w}{2}$. Show that $\bar{z} = z$.

$$z = \frac{\bar{w}}{2} + \frac{w}{2}$$

$$\bar{z} = \overline{\left(\frac{\bar{w}}{2} + \frac{w}{2}\right)}$$

$$\bar{z} = \frac{\overline{\bar{w}}}{2} + \frac{\bar{w}}{2}$$

$$\bar{z} = \frac{w}{2} + \frac{\bar{w}}{2}$$

$$\bar{z} = \frac{\bar{w}}{2} + \frac{w}{2}$$

$$\bar{z} = z$$

****

Let $z = \frac{w}{\bar{w}} + \frac{\bar{w}}{w}$. Show that
$$\bar{z} = z$$

$$\bar{z} = \overline{\left(\frac{w}{\bar{w}} + \frac{\bar{w}}{w}\right)}$$

$$\bar{z} = \frac{\bar{w}}{w} + \frac{w}{\bar{w}}$$

$$\bar{z} = z$$

Page 27

Modulus of a complex number : The modulus of a complex number z is given by the formula.

$$|z| = \sqrt{\{Re(z)\}^2 + \{Im(z)\}^2}$$

$$|z| = \sqrt{x^2 + y^2}$$

****

Let $z = 1 + 3i$. Find the modulus of the complex number z.

$$|z| = |1 + 3i|$$

$$|z| = \sqrt{1^2 + 3^2}$$

$$|z| = \sqrt{1 + 9}$$

$$|z| = \sqrt{10}$$

****

Let $z = -1 - 3i$. Find the modulus of the complex number z.

$$|z| = |-1 - 3i|$$

$$|z| = \sqrt{(-1)^2 + (-3)^2}$$

$$|z| = \sqrt{1^2 + 3^2}$$

$$|z| = \sqrt{1 + 9}$$

$$|z| = \sqrt{10}$$

****

Let $z = 5 + 5i$. Find the modulus of the complex number z.

$$|z| = |5 + 5i|$$

$$|z| = \sqrt{5^2 + 5^2}$$

$$|z| = \sqrt{25 + 25}$$

$$|z| = \sqrt{50}$$

$$|z| = \sqrt{2}\sqrt{25}$$

$$|z| = 5\sqrt{2}$$

Let $z = 1 + \sqrt{63}i$. Find the modulus of the complex number z.

$$|z| = |1 + \sqrt{63}i|$$

$$|z| = \sqrt{1^2 + \sqrt{63}^2}$$

$$|z| = \sqrt{1 + 63}$$

$$|z| = \sqrt{64}$$

$$|z| = 8$$

****

Let $z = 1 + \sqrt{3}i$. Find the modulus of the complex number z.

$$|z| = |1 + \sqrt{3}i|$$

$$|z| = \sqrt{1^2 + \sqrt{3}^2}$$

$$|z| = \sqrt{1 + 3}$$

$$|z| = \sqrt{4}$$

$$|z| = 2$$

****

Let $z = 1 + 2i$ and $w = \lambda - 1 + 2i$. Find for what values of λ, the modulus of z is equal to the modulus of w.

$$|z| = |w|$$

$$\sqrt{1^2 + 2^2} = \sqrt{(\lambda - 1)^2 + 2^2}$$

$$\sqrt{5} = \sqrt{(\lambda - 1)^2 + 2^2}$$

$$5 = (\lambda - 1)^2 + 4$$

$$(\lambda - 1)^2 = 1$$

$$\lambda^2 - 2\lambda + 1 = 1$$

$$\lambda^2 - 2\lambda = 0$$

$$\lambda(\lambda - 2) = 0$$

$$\lambda = 0$$

$$\lambda = 2$$

****

Let $z = -\lambda + 2i$ and $w = \lambda - 1 + 2i$. Find for what values of λ, the modulus of z is equal to the modulus of w.

$$|z| = |w|$$

$$\sqrt{(-\lambda)^2 + 2^2} = \sqrt{(\lambda - 1)^2 + 2^2}$$

$$(\lambda)^2 + 4 = (\lambda - 1)^2 + 2^2$$

$$(\lambda)^2 + 4 = (\lambda - 1)^2 + 4$$

$$(\lambda)^2 = (\lambda - 1)^2$$

$$\lambda^2 = \lambda^2 - 2\lambda + 1$$

$$-2\lambda + 1 = 0$$

$$2\lambda = 1$$

$$\lambda = \frac{1}{2}$$

If we replace the value of λ to the given complex numbers, we get

$$z = w = -\frac{1}{2} + 2i$$

Let $z = x + yi$ and $w = a + \beta i$.

$$|zw| = |(x+yi)(a+\beta i)| =$$

$$= |xa + x\beta i + yai - y\beta| =$$

$$= |xa - y\beta + (x\beta + ya)i| =$$

$$= \sqrt{(xa - y\beta)^2 + (x\beta + ya)^2} =$$

$$= \sqrt{x^2 a^2 + x^2 \beta^2 + y^2 a^2 + y^2 \beta^2} =$$

$$= \sqrt{x^2 + y^2}\sqrt{a^2 + \beta^2} =$$

$$= |z||w|$$

$$\left|\frac{z}{w}\right| = \left|\frac{x+yi}{a+\beta i}\right| =$$

$$= \left|\frac{(x+yi)(a-\beta i)}{a^2 + \beta^2}\right| =$$

$$= \left|\frac{(x+yi)(a-\beta i)}{a^2 + \beta^2}\right| =$$

$$\left|\frac{z}{w}\right| = \left|\frac{xa - x\beta i + yia - y\beta i^2}{a^2 + \beta^2}\right| =$$

$$= \left|\frac{xa + y\beta + i(ya - x\beta)}{a^2 + \beta^2}\right| =$$

$$= \sqrt{\left(\frac{xa + y\beta}{a^2 + \beta^2}\right)^2 + \left(\frac{ya - x\beta}{a^2 + \beta^2}\right)^2} =$$

$$= \sqrt{\frac{x^2 a^2 + y^2 \beta^2 + y^2 a^2 + x^2 \beta^2}{(a^2 + \beta^2)^2}} =$$

$$= \frac{\sqrt{x^2 + y^2}}{\sqrt{a^2 + \beta^2}} = \frac{|z|}{|w|}$$

$$z\bar{z} = (x + yi)(x - yi) = x^2 + y^2 =$$

$$= \left(\sqrt{x^2 + y^2}\right)^2 = |z|^2$$

$$|\bar{z}| = |x - yi| = \sqrt{x^2 + (-y)^2} =$$

$$= \sqrt{x^2 + y^2} = |z|$$

$$|-z| = |-1|\,|z| = |z| = |\bar{z}| =$$
$$= \sqrt{x^2 + y^2}$$

A very useful identity
$$|z - w|^2 + |z + w|^2 =$$
$$= (z - w)(\bar{z} - \bar{w}) + (z + w)(\bar{z} + \bar{w}) =$$
$$= z\bar{z} - z\bar{w} - w\bar{z} + w\bar{w} + z\bar{z} + z\bar{w} + w\bar{z} + w\bar{w} =$$
$$= 2|z|^2 + 2|w|^2 = 2(|z|^2 + |w|^2)$$

Triangular inequality
$$||z| - |w|| \leq |z + w| \leq |z| + |w|$$

****

Let us have $|z - w| = 1$ and $|z| = |w| = 1$.
Find the modulus of $|z + w|$.
$$|z - w|^2 + |z + w|^2 = 2(|z|^2 + |w|^2)$$

$$|z+w|^2 = 2(|z|^2 + |w|^2) - |z-w|^2$$

$$|z+w|^2 = 2(1+1) - 1$$

$$|z+w|^2 = 2 \cdot 2 - 1$$

$$|z+w|^2 = 3$$

$$|z+w| = \sqrt{3}$$

****

****

Let us have $|z - w| = 1$ and $|z| = |w| = 2$. Find the modulus of $|z + w|$.

$$|z-w|^2 + |z+w|^2 = 2(|z|^2 + |w|^2)$$

$$|z+w|^2 = 2(|z|^2 + |w|^2) - |z-w|^2$$

$$|z+w|^2 = 2(2^2 + 2^2) - 1$$

$$|z+w|^2 = 2 \cdot 8 - 1$$

$$|z+w|^2 = 15$$

$$|z+w| = \sqrt{15}$$

Let us have $|z - w| = \sqrt{12}$ and $|z| = |w| = 2$.

Find the modulus of $|z + w|$.

$$|z - w|^2 + |z + w|^2 = 2(|z|^2 + |w|^2)$$

$$|z + w|^2 = 2(|z|^2 + |w|^2) - |z - w|^2$$

$$|z + w|^2 = 2(2^2 + 2^2) - \left(\sqrt{12}\right)^2$$

$$|z + w|^2 = 2(4 + 4) - 12$$

$$|z + w|^2 = 4$$

$$|z + w| = 2$$

****

Let us have $|z - w| = \sqrt{15}$ and $|z| = |w| = 2$.

Find the modulus of $|z + w|$.

$$|z - w|^2 + |z + w|^2 = 2(|z|^2 + |w|^2)$$

$$|z + w|^2 = 2(|z|^2 + |w|^2) - |z - w|^2$$

$$|z + w|^2 = 2(2^2 + 2^2) - \left(\sqrt{15}\right)^2$$

$$|z+w|^2 = 2(2^2+2^2) - (\sqrt{15})^2$$

$$|z+w|^2 = 2(4+4) - 15$$

$$|z+w|^2 = 16 - 15$$

$$|z+w|^2 = 1$$

$$|z+w| = 1$$

****

Let $z = 1 + i$ and $w = 2 + 5i$. Show that

$$\sqrt{29} - \sqrt{2} \leq |z+w| \leq \sqrt{2} + \sqrt{29}$$

In order to show what it is asked, we use the triangular inequality.

$$||z| - |w|| \leq |z+w| \leq |z| + |w|$$

The modulus of z is $|z| = \sqrt{1^2 + 1^2} = \sqrt{2}$

The modulus of w is $|w| = \sqrt{2^2 + 5^2} = \sqrt{29}$

$$||\sqrt{2}| - |\sqrt{29}|| \leq |z+w| \leq \sqrt{2} + \sqrt{29}$$

$$|\sqrt{2} - \sqrt{29}| \leq |z + w| \leq \sqrt{2} + \sqrt{29}$$

$$|-(\sqrt{29} - \sqrt{2})| \leq |z + w| \leq \sqrt{2} + \sqrt{29}$$

$$(\sqrt{29} - \sqrt{2}) \leq |z + w| \leq \sqrt{2} + \sqrt{29}$$

****

****

Let $z = 1 + 3i$ and $w = 1 - 2i$. Show that

$$\sqrt{10} - \sqrt{5} \leq |z + w| \leq \sqrt{10} + \sqrt{5}$$

In order to show what it is asked, we use the triangular inequality.

$$||z| - |w|| \leq |z + w| \leq |z| + |w|$$

The modulus of z is $|z| = \sqrt{1^2 + 3^2} = \sqrt{10}$

The modulus of w is $|w| = \sqrt{1^2 + 2^2} = \sqrt{5}$

$$||\sqrt{10}| - |\sqrt{5}|| \leq |z + w| \leq \sqrt{10} + \sqrt{5}$$

$$|\sqrt{10} - \sqrt{5}|| \leq |z + w| \leq \sqrt{10} + \sqrt{5}$$

$$\sqrt{10} - \sqrt{5} \leq |z + w| \leq \sqrt{10} + \sqrt{5}$$

Basic geometric represantations.

Let us have the complex number $z = x + yi$ and. $|z| = 1$

$$|z| = 1$$

$$\sqrt{x^2 + y^2} = 1$$

$$x^2 + y^2 = 1$$

This equation represents a unit radius circle centered at O(0,0). The number z is located on the unit circle.

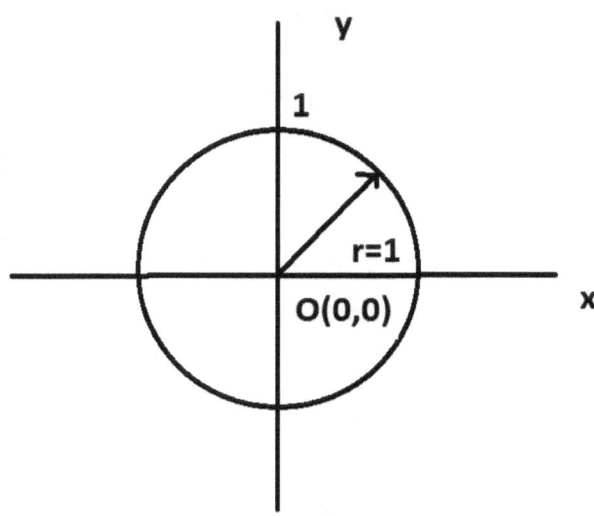

Let us have the complex number $z = x + yi$ and $|z|^2 < 1$.

$$|z|^2 < 1$$

$$\left(\sqrt{x^2 + y^2}\right)^2 < 1$$

$$x^2 + y^2 < 1$$

The equation represents a unit disk. The number z is located inside the disk.

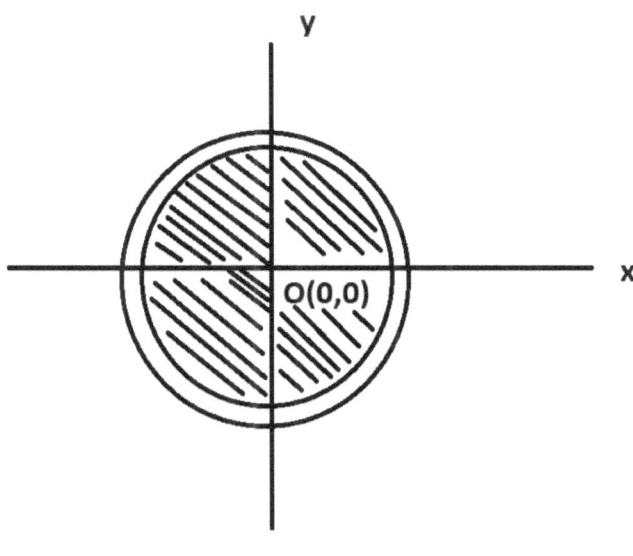

Let us have the complex number $z = x + yi$ and $|z|^2 > 1$.

$$|z|^2 > 1$$

$$\left(\sqrt{x^2 + y^2}\right)^2 > 1$$

$$x^2 + y^2 > 1$$

The equation represents all the points that lie outside the unit circle.

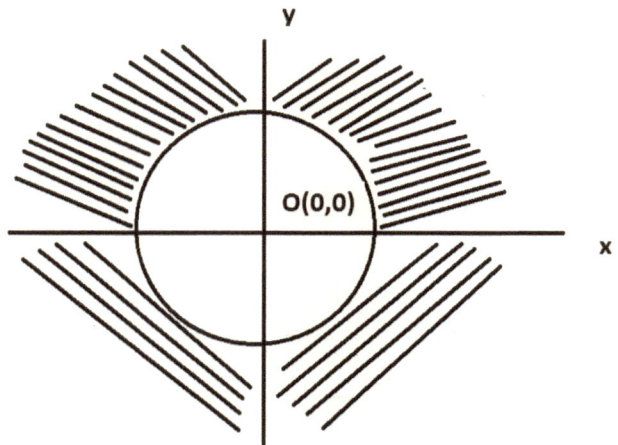

****

Let us have the complex number $z = x + yi$ and $r_1^2 < |z|^2 < r_2^2$.

$$r_1^2 < |z|^2 < r_2^2$$

$$r_1^2 < \left(\sqrt{x^2+y^2}\right)^2 < r_2^2$$

$$r_1^2 < x^2 + y^2 < r_2^2$$

The equation represents a ring, so the number lies inside the ring.

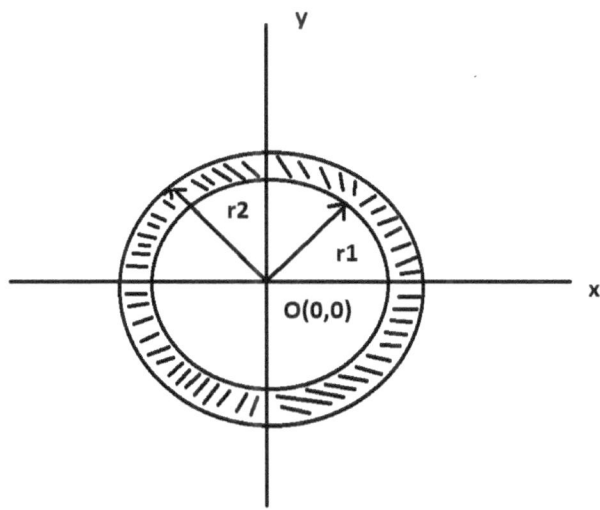

****

Let us have the complex number $z = x + yi$ and $|z| = |z - a|, a > 0$.

$$|z| = |z - a|$$

$$|x + yi| = |x + yi - \alpha|$$

$$\sqrt{x^2 + y^2} = \sqrt{(x - a)^2 + y^2}$$

$$x^2 + y^2 = (x - a)^2 + y^2$$

$$x^2 + y^2 = x^2 - 2xa + a^2$$

$$2xa = a^2$$

$$x = \frac{a}{2}$$

The number lies on the straight line, which it is parallel to y axis.

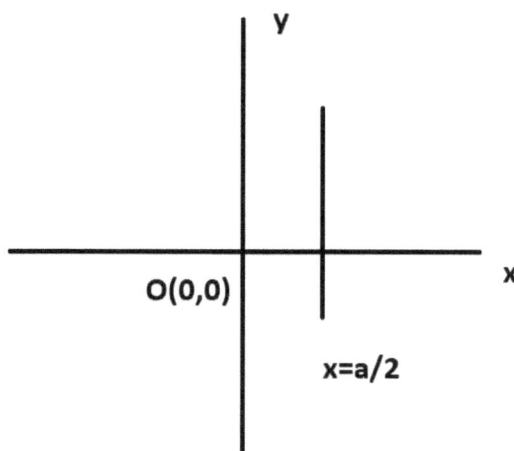

Let us have the complex number $z = x + yi$ and $|z| = |z - ia|, a > 0$.

$$|z| = |z - ia|$$

$$|x + yi| = |x + yi - ai|$$

$$\sqrt{x^2 + y^2} = \sqrt{x^2 + (y-a)^2}$$

$$x^2 + y^2 = x^2 + (y-a)^2$$

$$x^2 + y^2 = x^2 + y^2 - 2ay + a^2$$

$$2ay = a^2$$

$$y = \frac{a}{2}$$

The number lies on the straight ine ,which it is parallel to x axis.

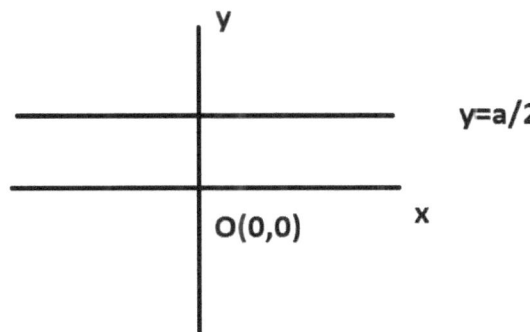

Let us have the complex number $z = x + yi$ and $|z - a| = |\bar{z} + a|$.

$$|z - a| = |\bar{z} + a|$$

$$|x + yi - a| = |x - yi + a|$$

$$\sqrt{(x - a)^2 + y^2} = \sqrt{(x + a)^2 + y^2}$$

$$(x - a)^2 + y^2 = (x + a)^2 + y^2$$

$$x^2 - 2ax + a^2 + y^2 = x^2 + 2ax + a^2 + y^2$$

$$4ax = 0$$

$$x = 0$$

The image of the complex number lies on the y axis.

****

Rectangular and polar coordinates. The rectangular form of a complex number is

$$z = x + yi$$

The polar form of the complex number is

$$z = r[cos\theta + sin\theta\, i]$$

$$r = \sqrt{x^2 + y^2}$$

$$\theta = \operatorname{atan}\left(\frac{y}{x}\right)$$

****

Let us have the number $z = 1 + i$. Convert the number to polar form.

$$r = \sqrt{1^2 + 1^2} = \sqrt{2}$$

$$\theta = \operatorname{atan}\left(\frac{1}{1}\right) = \operatorname{atan}(1) = \frac{\pi}{4}$$

$$z = \sqrt{2}\left[\cos\left(\frac{\pi}{4}\right) + i\sin\left(\frac{\pi}{4}\right)\right]$$

****

Let us have the polar coordinates $\left(2, \frac{\pi}{4}\right)$. Convert polar coordinates to rectangular coordinates.

$$(r, \theta) = \left(2, \frac{\pi}{4}\right)$$

$$x = r\cos\theta = 2\cos\frac{\pi}{4} = \frac{2\sqrt{2}}{2} = \sqrt{2}$$

$$y = r\sin\theta = 2\sin\frac{\pi}{4} = \frac{2\sqrt{2}}{2} = \sqrt{2}$$

$$(x, y) = (\sqrt{2}, \sqrt{2})$$

****

Let us have the rectangular coordinates $(\sqrt{2}, \sqrt{2})$. Convert rectangular coordinates to polar coordinates.

$$r = \sqrt{x^2 + y^2} = \sqrt{(\sqrt{2})^2 + (\sqrt{2})^2}$$

$$r = \sqrt{2 + 2} = \sqrt{4} = 2$$

$$\theta = \operatorname{atan}\left(\frac{y}{x}\right)$$

$$\theta = \operatorname{atan}\left(\frac{\sqrt{2}}{\sqrt{2}}\right) = \operatorname{atan}(1) = \frac{\pi}{4}$$

$$(r, \theta) = (2, \frac{\pi}{4})$$

****

Let us have the polar coordinates $\left(3, \frac{\pi}{2}\right)$. Convert polar coordinates to rectangular coordinates.

$$x = r\cos\theta = 3\cos\left(\frac{\pi}{2}\right) = 3 \cdot 0 = 0$$

$$y = r\sin\theta = 3\sin\left(\frac{\pi}{2}\right) = 3 \cdot 1 = 3$$

$$(x, y) = (0, 3)$$

****

Let us have the rectangular coordinates (0,3). Convert rectangular coordinates to polar coordinates.

$$r = \sqrt{x^2 + y^2} = \sqrt{0^2 + 3^2} = \sqrt{3^2} = 3$$

$$\theta = \operatorname{atan}\left(\frac{y}{x}\right) = \operatorname{atan}\left(\frac{3}{0}\right) = \operatorname{atan}(\infty) = \frac{\pi}{2}$$

$$(r, \theta) = \left(3, \frac{\pi}{2}\right)$$

****

Euler's formulas for complex numbers and the exponential e^{ix}.

Leonhard Euler using his intuition and talent, found two extraordinary formulas combining constant e, trigonometric numbers $\cos x$ and $\sin x$ and the imaginary unit i.

$$e^{ix} = \cos x + i\sin x \quad (1)$$

$$e^{-ix} = \cos x - i\sin x \quad (2)$$

If we add the equations 1,2 we get

$$\cos x = \frac{e^{ix} + e^{-ix}}{2} \quad (1a)$$

By substracting the two equations, we get:

$$\sin x = \frac{e^{ix} - e^{-ix}}{2i} \quad (1b)$$

The proof of the formulas comes with the direct application of McLaurin Series.

Proof of (1^a)

The McLaurin Series:

$$f(x) = f(0) + \frac{f'(0)(x-0)^1}{1!} + \frac{f''(0)(x-0)^2}{2!} + \cdots + \frac{f^n(0)(x-0)^n}{n!}$$

$$f(x) = \sum_{n=0}^{\infty} \frac{f^n(0)}{n!} x^n$$

The McLaurin series for the exponential is

$$e^x = 1 + x + \frac{x^2}{2!} + \frac{x^3}{3!} + \cdots + \frac{x^n}{n!} \quad (a)$$

If we replace x with ix, at equation a we get:

$$e^{ix} = 1 + ix + \frac{(ix)^2}{2!} + \frac{(ix)^3}{3!} + \cdots + \frac{(ix)^n}{n!}$$

This time we replace x with –ix.

$$e^{-ix} = 1 - ix + \frac{(-ix)^2}{2!} + \frac{(-ix)^3}{3!} + \cdots + \frac{(-ix)^n}{n!}$$

$$e^{-ix} = 1 - ix + \frac{(ix)^2}{2!} - \frac{(ix)^3}{3!} + \cdots + \frac{(-ix)^n}{n!}$$

$$e^{ix} + e^{-ix} = 1 + ix + \frac{(ix)^2}{2!} + \frac{(ix)^3}{3!} + \cdots + 1 - ix + \frac{(ix)^2}{2!} - \frac{(ix)^3}{3!} + \cdots$$

$$e^{ix} + e^{-ix} = 1 + 1 + \frac{(ix)^2}{2!} + \frac{(ix)^2}{2!} + \frac{(ix)^4}{4!} + \frac{(ix)^4}{4!} + \cdots$$

$$e^{ix} + e^{-ix} = 2[1 + \frac{(ix)^2}{2!} + \frac{(ix)^4}{4!} + \cdots]$$

$$e^{ix} + e^{-ix} = 2[1 - \frac{x^2}{2!} + \frac{x^4}{4!} + \cdots]$$

The McLaurin series for cosx is

$$cosx = 1 - \frac{x^2}{2!} + \frac{x^4}{4!} + \cdots$$

Finally, $cosx = (e^{ix} + e^{-ix})\frac{1}{2}.$

Proof of 1b

$$e^{ix} = 1 + ix + \frac{(ix)^2}{2!} + \frac{(ix)^3}{3!} + \cdots + \frac{(ix)^n}{n!}$$

$$e^{-ix} = 1 - ix + \frac{(ix)^2}{2!} - \frac{(ix)^3}{3!} + \cdots + \frac{(-ix)^n}{n!}$$

$$e^{ix} - e^{-ix} = 1 + ix + \frac{(ix)^2}{2!} + \frac{(ix)^3}{3!} + \cdots + \frac{(ix)^n}{n!} - (1 - ix + \frac{(ix)^2}{2!} - \frac{(ix)^3}{3!} + \cdots + \frac{(-ix)^n}{n!})$$

$$e^{ix} - e^{-ix} = 2ix - \frac{2ix^3}{3!} + \cdots$$

$$e^{ix} - e^{-ix} = 2i(x - \frac{x^3}{3!} + \cdots)$$

The McLaurin series for sinx is

$$sinx = x - \frac{x^3}{3} + \cdots$$

$$e^{ix} - e^{-ix} = 2isinx$$

$$sinx = \frac{e^{ix} - e^{-ix}}{2i}$$

Let $z = 1 + i$. Find the finite sum $\sum_{n=0}^{2} z^n$.

$$\sum_{n=0}^{2} z^n = z^0 + z^1 + z^2 =$$

$$= 1 + z + z^2 = 1 + 1 + i + (1 + i)^2 =$$

$$= 1 + 1 + i + 1 + 2i - 1 = 1 + 1 + i + 2i$$

$$= 2 + 3i$$

****

Let $z = 3 + i$. Find the finite sum $\sum_{n=0}^{2} z^n$.

$$\sum_{n=0}^{2} z^n = z^0 + z^1 + z^2 =$$

$$= 1 + z + z^2 = 1 + 3 + i + (3 + i)^2 =$$

$$= 1 + 3 + i + 9 + 6i - 1 = 12 + 7i$$

****

Let $z = 1 + i$. Find the finite sum

$$\sum_{n=0}^{2} (z^n + \bar{z}^n)$$

Page 53

$$\sum_{n=0}^{2} (z^n + \bar{z}^n) = z^0 + \bar{z}^0 + z + \bar{z} + z^2 + \bar{z}^2$$

$$= 1 + 1 + z + \bar{z} + z^2 + \bar{z}^2 =$$

$$= 2 + 1 + i + 1 - i + (1+i)^2 + (1-i)^2$$

$$= 4 + 1 + 2i - 1 + 1 - 2i - 1 = 4$$

****

Let $z = i$. Find the finite sum

$$\sum_{n=1}^{5} z^n$$

$$\sum_{n=1}^{5} z^n = z^1 + z^2 + z^3 + z^4 + z^5 =$$

$$= i + i^2 + i^3 + i^4 + i^5 =$$

$$= i - 1 - i + 1 + i = i = z$$

****

Let $z = i$. Find the finite sum

$$5\sum_{n=1}^{5} z^n$$

$$\sum_{n=1}^{5} z^n = z^1 + z^2 + z^3 + z^4 + z^5 =$$

$$= i + i^2 + i^3 + i^4 + i^5 =$$

$$= i - 1 - i + 1 + i = i = z$$

$$5\sum_{n=1}^{5} z^n = 5z = 5i$$

****

Let $z = i$. Find the product

$$\sum_{n=1}^{5} z^n \sum_{n=1}^{5} \bar{z}^n$$

$$\sum_{n=1}^{5} z^n = i - 1 - i + 1 + i = i = z$$

$$\sum_{n=1}^{5} \bar{z}^n = -i - 1 + i + 1 - i = -i$$

$$\sum_{n=1}^{5} z^n \sum_{n=1}^{5} \bar{z}^n = i(-i) = -i^2 = -(-1)$$
$$= 1$$

****

Let $z = i$. Find the expression

$$\left(\sum_{n=1}^{5} z^n \sum_{n=1}^{5} \bar{z}^n\right)(z + \bar{z})$$

$$\left(\sum_{n=1}^{5} z^n \sum_{n=1}^{5} \bar{z}^n\right)(z + \bar{z}) = -(-1)(i - i)$$
$$= 1 \cdot 0 = 0$$

****

Hyperbolic functions .

$$\cosh(x) = \frac{e^x + e^{-x}}{2}$$

$$\sinh(x) = \frac{e^x - e^{-x}}{2}$$

$$\cosh(ix) = \frac{e^{ix} + e^{-ix}}{2} = \cos x$$

$$\frac{\sinh(ix)}{i} = \frac{e^{ix} - e^{-ix}}{2i} = \sin x$$

****

Expressing trigonometric numbers in accordance with numbers z and $\bar{z}$.

$$z = r\cos\theta + ir\sin\theta$$

$$\bar{z} = r\cos\theta - ir\sin\theta$$

$$z + \bar{z} = 2r\cos\theta$$

$$\cos\theta = \frac{z + \bar{z}}{2r}$$

$$z - \bar{z} = 2ir\sin\theta$$

$$\sin\theta = \frac{z - \bar{z}}{2ir}$$

$$\tan\theta = \frac{\sin\theta}{\cos\theta} = \frac{\frac{z-\bar{z}}{2ir}}{\frac{z+\bar{z}}{2r}} = \frac{z - \bar{z}}{i(z + \bar{z})}$$

$$\cot an\theta = \frac{\cos\theta}{\sin\theta} = \frac{\frac{z+\bar{z}}{2r}}{\frac{z-\bar{z}}{2ri}} = \frac{z+\bar{z}}{z-\bar{z}}i$$

****

De Moivre's Formula.

$$z^n = r^n[\cos\theta + i\sin\theta]^n$$

$$z^n = r^n[\cos(n\theta) + i\sin(n\theta)]$$

$$z^n = r^n(e^{i\theta})^n = r^n e^{in\theta} =$$

$$= r^n[\cos(n\theta) + i\sin(n\theta)]$$

****

Let $z_1 = r_1 e^{i\theta_1}$ and $z_2 = r_2 e^{i\theta_2}$.

$$z_1 z_2 = r_1 e^{i\theta_1} r_2 e^{i\theta_2}$$

$$z_1 z_2 = r_1 r_2 e^{i\theta_1 + i\theta_2}$$

$$z_1 z_2 = r_1 r_2 [\cos(\theta_1 + \theta_2) + i\sin(\theta_1 + \theta_2)]$$

$$\frac{z_1}{z_2} = \frac{r_1 e^{i\theta_1}}{r_2 e^{i\theta_2}} = \frac{r_1}{r_2}(e^{i\theta_1 - i\theta_2})$$

$$\frac{z_1}{z_2} = \frac{r_1}{r_2}[\cos(\theta_1 - \theta_2) + i\sin(\theta_1 - \theta_2)]$$

****

Let $z_1 = 2e^{\frac{i\pi}{4}}$ and $z_2 = 1e^{\frac{i\pi}{4}}$. Find the product $z_1 z_2$.

$$z_1 z_2 = 2e^{\frac{i\pi}{4}} 1e^{\frac{i\pi}{4}} = 2e^{\frac{i2\pi}{4}} = 2e^{\frac{i\pi}{2}} =$$

$$= 2\left[\cos\left(\frac{\pi}{2}\right) + i\sin\left(\frac{\pi}{2}\right)\right] = 2i$$

****

Let $z_1 = 2e^{\frac{i\pi}{4}}$ and $z_2 = 3e^{\frac{i\pi}{4}}$. Find the product $z_1 z_2$.

$$z_1 z_2 = 2e^{\frac{i\pi}{4}} 3e^{\frac{i\pi}{4}} = 6e^{\frac{i\pi}{2}} =$$

$$= 6\left[\cos\left(\frac{\pi}{2}\right) + i\sin\left(\frac{\pi}{2}\right)\right] = 6i$$

****

Let $z_1 = 3e^{\frac{i\pi}{4}}$ and $z_2 = 4e^{\frac{i\pi}{4}}$. Find the product $z_1 z_2$.

$$z_1 z_2 = 3e^{\frac{i\pi}{4}} 4e^{\frac{i\pi}{4}} = 12 e^{\frac{i\pi}{2}} =$$

$$= 12\left[\cos\left(\frac{\pi}{2}\right) + i\sin\left(\frac{\pi}{2}\right)\right] = 12i$$

****

One formula for the product.

$$\prod_{n=1}^{k} r_n e^{i\theta_n}$$

$$\prod_{n=1}^{k} r_n e^{i\theta_n} = r_1 e^{i\theta_1} r_2 e^{i\theta_2} r_3 e^{i\theta_3} \ldots r_k e^{i\theta_k} =$$

$$= r_1 r_2 r_3 \ldots r_k \, e^{i(\theta_1 + \theta_2 + \theta_3 + \cdots + \theta_k)} =$$

$$= r_1 r_2 r_3 \ldots r_k [\cos(\theta_1 + \theta_2 + \cdots + \theta_k) + i\sin(\theta_1 + \theta_2 + \cdots + \theta_k)] =$$

$$= \left(\prod_{n=1}^{k} r_n\right)\left[\cos\left(\sum_{n=1}^{k} \theta_n\right) + i\sin\left(\sum_{n=1}^{k} \theta_n\right)\right]$$

One formula for the sum.

$$\sum_{n=1}^{k} e^{i\theta_n} = e^{i\theta_1} + e^{i\theta_2} + \cdots + e^{i\theta_k} =$$

$$= \cos(\theta_1) + i\sin(\theta_1) + \cos(\theta_2) + i\sin(\theta_2)$$
$$+ \cdots + \cos(\theta_k) + i\sin(\theta_k) =$$

$$= \cos(\theta_1) + \cos(\theta_2) + \cdots + \cos(\theta_k)$$
$$+ i[\sin(\theta_1) + \sin(\theta_2) + \cdots$$
$$+ \sin(\theta_k)] =$$

$$= \sum_{n=1}^{k} \cos(\theta_k) + i \sum_{n=1}^{k} \sin(\theta_k)$$

****

Let $f(z) = \dfrac{z-i}{(z-2)(z+2)}$. Find the poles and the zeros of $f(z)$.

$$z - i = 0$$

$$z = i \text{ (zero)}$$

$$(z-2)(z+2) = 0$$

Page 61

$z = 2, z = -2 \, (2 \text{ poles})$.

****

Let $f(z) = \dfrac{z-2i}{(z-3)(z+3)}$. Find the poles and the zeros of $f(z)$.

$$z - 2i = 0$$

$$z = 2i \, (zero)$$

$$(z-3)(z+3) = 0$$

$$z = 3, z = -3 \, (2 \text{ poles}).$$

****

Let $f(z) = \dfrac{z-3i}{(z-4)(z+4)}$. Find the poles and the zeros of $f(z)$.

$$z - 3i = 0$$

$$z = 3i \, (zero)$$

$$(z-4)(z+4) = 0$$

$$z = 4, z = -4 \, (2 \text{ poles}).$$

****

Let $f(z) = \dfrac{z-4i}{(z-5)(z+5)}$. Find the poles and the zeros of $f(z)$.

$$z - 4i = 0$$

$$z = 4i \, (zero)$$

$$(z-5)(z+5) = 0$$

$$z = 5, z = -5 \, (2 \, poles).$$

****

Let $f(z) = \dfrac{z-5i}{(z-6)(z+6)}$. Find the poles and the zeros of $f(z)$.

$$z - 5i = 0$$

$$z = 5i \, (zero)$$

$$(z-6)(z+6) = 0$$

$$z = 6, z = -6 \, (2 \, poles).$$

****

****

Let $f(z) = \dfrac{z-6i}{(z-7)(z+7)}$. Find the poles and the zeros of $f(z)$.

$$z - 6i = 0$$

$$z = 6i \,(zero)$$

$$(z-7)(z+7) = 0$$

$$z = 7, z = -7 \,(2 \; poles).$$

****

Let $f(z) = \dfrac{z-7i}{(z-8)(z+8)}$. Find the poles and the zeros of $f(z)$.

$$z - 7i = 0$$

$$z = 7i \,(zero)$$

$$(z-8)(z+8) = 0$$

$$z = 8, z = -8 \,(2 \; poles).$$

****

****

Let $f(z) = \dfrac{z-8i}{(z-9)(z+9)}$. Find the poles and the zeros of $f(z)$.

$$z - 8i = 0$$

$$z = 8i \, (zero)$$

$$(z-9)(z+9) = 0$$

$$z = 9, z = -9 \, (2 \, poles).$$

****

Let $f(z) = \dfrac{z-9i}{(z-10)(z+10)}$. Find the poles and the zeros of $f(z)$.

$$z - 9i = 0$$

$$z = 9i \, (zero)$$

$$(z-10)(z+10) = 0$$

$$z = 10, z = -10 \, (2 \, poles).$$

****

****

Geometric series.

$$\sum_{n=0}^{\infty} x^n = \frac{1}{1-x}$$

The region of convergence is clearly $|x| < 1$ or $x \in (-1, 1)$. Same property also applies for the complex number z. More explicitly

$$f(z) = \sum_{n=0}^{\infty} z^n = \frac{1}{1-z}$$

Region of convergence : $|z| < 1$

****

Derivative of $f(z) = \sum_{n=0}^{\infty} z^n$.

$$f(z) = 1 + z + z^2 + \cdots + z^n$$

$$f'(z) = \frac{d(1 + z + z^2 + \cdots + z^n)}{dz}$$

$$f'(z) = 1 + 2z + 3z^2 + \cdots + nz^{n-1}$$

$$f'(z) = \sum_{n=1}^{\infty} n\, z^{n-1} = \sum_{n=0}^{\infty} (n+1) z^n$$

****

McLaurin Series of the complex function $f(z)$.

$$f(z) = \sum_{n=0}^{\infty} \frac{f^n(0)}{n!} z^n$$

****

Find the McLaurin Series of $f(z) = e^{\frac{1}{z^2}}$.

$$e^z = \sum_{n=0}^{\infty} \frac{f^n(0)}{n!} z^n$$

$$e^z = \sum_{n=0}^{\infty} \frac{1}{n!} z^n$$

If we replace z with $1/z^2$, we finally get

$$e^{\frac{1}{z^2}} = \sum_{n=0}^{\infty} \frac{1}{n!} (1/z^2)^n$$

$$e^{\frac{1}{z^2}} = \sum_{n=0}^{\infty} \frac{1}{n!} z^{-2n}$$

****

HERMITAN MATRICES

Let A be a matrix, which its elements are complex numbers.

$$A = \begin{pmatrix} z_1 & z_2 & z_3 \\ z_4 & z_5 & z_6 \\ z_7 & z_8 & z_9 \end{pmatrix}, z_1, z_2 \ldots z_9 \in \mathbb{C}$$

The matrix A is hermitan, when the following condition is satisfied:

$$A = \overline{(A^T)}$$

A^T is the trasponse matrix.

$$A^T = \begin{pmatrix} z_1 & z_4 & z_7 \\ z_2 & z_5 & z_8 \\ z_3 & z_6 & z_9 \end{pmatrix}$$

$\overline{(A^T)}$ is the conjugate of A^T.

$$\overline{(A^T)} = \begin{pmatrix} z_1^* & z_4^* & z_7^* \\ z_2^* & z_5^* & z_8^* \\ z_3^* & z_6^* & z_9^* \end{pmatrix}$$

****

Let $A = \begin{pmatrix} 2 & 2+i & 4 \\ 2-i & 3 & i \\ 4 & -i & 1 \end{pmatrix}$.Show that A is a hermitan matrix.

$$A^T = \begin{pmatrix} 2 & 2-i & 4 \\ 2+i & 3 & -i \\ 4 & i & 1 \end{pmatrix}$$

$$\overline{(A^T)} = \begin{pmatrix} 2 & 2+i & 4 \\ 2-i & 3 & i \\ 4 & -i & 1 \end{pmatrix} = A$$

As a result ,A is a hermitan matrix.

****

Let $A = \begin{pmatrix} -1 & 1-2i & 0 \\ 1+2i & 0 & -i \\ 0 & i & 1 \end{pmatrix}$.Show that A is a hermitan matrix.

$$A^T = \begin{pmatrix} -1 & 1+2i & 0 \\ 1-2i & 0 & i \\ 0 & -i & 1 \end{pmatrix}$$

$$\overline{(A^T)} = \begin{pmatrix} -1 & 1-2i & 0 \\ 1+2i & 0 & -i \\ 0 & i & 1 \end{pmatrix} = A$$

The matrix A is hermitan.

****

Let $A = \begin{pmatrix} 1 & 1+i & 2i \\ 1-i & 5 & -3 \\ -2i & -3 & 0 \end{pmatrix}$. Show that A is a hermitan matrix.

$$A^T = \begin{pmatrix} 1 & 1-i & -2i \\ 1+i & 5 & -3 \\ 2i & -3 & 0 \end{pmatrix}$$

$$\overline{(A^T)} = \begin{pmatrix} 1 & 1+i & 2i \\ 1-i & 5 & -3 \\ -2i & -3 & 0 \end{pmatrix} = A$$

The matrix A is hermitan.

****

Let $A = \begin{pmatrix} 1 & 1-i & 2 \\ 1+i & 3 & i \\ 2 & -i & 0 \end{pmatrix}$. Show that A is a hermitan matrix.

$$A^T = \begin{pmatrix} 1 & 1+i & 2 \\ 1-i & 3 & -i \\ 2 & i & 0 \end{pmatrix}$$

$$\overline{(A^T)} = \begin{pmatrix} 1 & 1-i & 2 \\ 1+i & 3 & i \\ 2 & -i & 0 \end{pmatrix} = A$$

The matrix A is hermitan.

****

LINEAR COMBINATIONS

Let A be a square matrix. Matrix A can be written as a linear combination of two other matrices.

$$A = \lambda_1 C_1 + \lambda_2 C_2$$

$$\lambda_1, \lambda_2 \in \mathbb{R}$$

****

Let $A = \begin{pmatrix} 1+3i & i \\ 5 & 2 \end{pmatrix}$. Express matrix A as a linear combination of $C_1 = \begin{pmatrix} 1 & i \\ 4 & 3 \end{pmatrix}$ and $C_2 = \begin{pmatrix} 3i & 0 \\ 1 & -1 \end{pmatrix}$.

$$\begin{pmatrix} 1+3i & i \\ 5 & 2 \end{pmatrix} = \lambda_1 \begin{pmatrix} 1 & i \\ 4 & 3 \end{pmatrix} + \lambda_2 \begin{pmatrix} 3i & 0 \\ 1 & -1 \end{pmatrix}$$

$$\begin{pmatrix} 1+3i & i \\ 5 & 2 \end{pmatrix} = \begin{pmatrix} \lambda_1 & \lambda_1 i \\ \lambda_1 4 & 3\lambda_1 \end{pmatrix} + \begin{pmatrix} \lambda_2 3i & 0 \\ \lambda_2 & -\lambda_2 \end{pmatrix}$$

$$\begin{pmatrix} 1+3i & i \\ 5 & 2 \end{pmatrix} = \begin{pmatrix} \lambda_1 + \lambda_2 3i & \lambda_1 i \\ \lambda_1 4 + \lambda_2 & 3\lambda_1 - \lambda_2 \end{pmatrix}$$

$$1 + 3i = \lambda_1 + \lambda_2 3i$$

$$\lambda_1 = 1$$

$$\lambda_2 = 1$$

$$A = 1 \cdot C_1 + 1 \cdot C_2$$

****

Let $C_1 = \begin{pmatrix} 1 & 2i \\ 1 & -2i \end{pmatrix}$, $C_2 = \begin{pmatrix} 1 & 0 \\ 1 & 0 \end{pmatrix}$. Find the sum $C_1 + C_2$.

$$C_1 + C_2 = \begin{pmatrix} 1 & 2i \\ 1 & -2i \end{pmatrix} + \begin{pmatrix} 1 & 0 \\ 1 & 0 \end{pmatrix}$$

$$C_1 + C_2 = \begin{pmatrix} 2 & 2i \\ 2 & -2i \end{pmatrix}$$

****

Let $C_1 = \begin{pmatrix} 1 & 2i \\ 1 & -2i \end{pmatrix}$, $C_2 = \begin{pmatrix} 1 & 0 \\ 1 & 0 \end{pmatrix}$. Find the difference $C_1 - C_2$.

$$C_1 - C_2 = \begin{pmatrix} 1 & 2i \\ 1 & -2i \end{pmatrix} - \begin{pmatrix} 1 & 0 \\ 1 & 0 \end{pmatrix} = \begin{pmatrix} 0 & 2i \\ 0 & -2i \end{pmatrix}$$

****

Let $C_1 = \begin{pmatrix} 1 & 2i \\ 1 & -2i \end{pmatrix}$, $C_2 = \begin{pmatrix} 1 & 1 \\ 1 & 1 \end{pmatrix}$. Find the sum $C_1 + C_2$.

$$C_1 + C_2 = \begin{pmatrix} 1 & 2i \\ 1 & -2i \end{pmatrix} + \begin{pmatrix} 1 & 1 \\ 1 & 1 \end{pmatrix}$$

$$C_1 + C_2 = \begin{pmatrix} 2 & 1+2i \\ 2 & 1-2i \end{pmatrix}$$

****

Let $C_1 = \begin{pmatrix} 1 & i \\ 0 & 0 \end{pmatrix}$, $C_2 = \begin{pmatrix} 2 & i \\ 0 & 0 \end{pmatrix}$. Find the sum $C_1 + C_2$.

Page 73

****

Let $C_1 = \begin{pmatrix} i & i \\ 0 & 0 \end{pmatrix}, C_2 = \begin{pmatrix} 0 & 0 \\ i & i \end{pmatrix}$. Find the sum $C_1 + C_2$.

$$C_1 + C_2 = \begin{pmatrix} i & i \\ 0 & 0 \end{pmatrix} + \begin{pmatrix} 0 & 0 \\ i & i \end{pmatrix} = \begin{pmatrix} i & i \\ i & i \end{pmatrix}$$

****

Let $C_1 = \begin{pmatrix} i & i \\ 0 & 0 \end{pmatrix}, C_2 = \begin{pmatrix} 0 & 0 \\ i & i \end{pmatrix}$. Find the difference $C_1 - C_2$ and find the determinant $\det(C_1 - C_2)$.

$$C_1 - C_2 = \begin{pmatrix} i & i \\ 0 & 0 \end{pmatrix} - \begin{pmatrix} 0 & 0 \\ i & i \end{pmatrix} = \begin{pmatrix} i & i \\ -i & -i \end{pmatrix}$$

$$\det(C_1 - C_2) = \begin{vmatrix} i & i \\ -i & -i \end{vmatrix} = -i^2 + i^2 = 0$$

****

Let $C = \begin{pmatrix} i & i \\ 0 & 0 \end{pmatrix}$. Find C^2.

$$C^2 = C \cdot C = \begin{pmatrix} i & i \\ 0 & 0 \end{pmatrix} \begin{pmatrix} i & i \\ 0 & 0 \end{pmatrix} = \begin{pmatrix} i^2 & i^2 \\ 0 & 0 \end{pmatrix} =$$

$$= \begin{pmatrix} -1 & -1 \\ 0 & 0 \end{pmatrix}$$

****

Let $C = \begin{pmatrix} i & i \\ 0 & 0 \end{pmatrix}$. Find $C^2 + C$.

$C^2 = C \cdot C = \begin{pmatrix} i & i \\ 0 & 0 \end{pmatrix} \begin{pmatrix} i & i \\ 0 & 0 \end{pmatrix} = \begin{pmatrix} i^2 & i^2 \\ 0 & 0 \end{pmatrix} =$

$= \begin{pmatrix} -1 & -1 \\ 0 & 0 \end{pmatrix}$

$C^2 + C = \begin{pmatrix} -1 & -1 \\ 0 & 0 \end{pmatrix} + \begin{pmatrix} i & i \\ 0 & 0 \end{pmatrix}$

$C^2 + C = \begin{pmatrix} -1 + i & -1 + i \\ 0 & 0 \end{pmatrix}$

****

Let $C = \begin{pmatrix} i & i \\ 0 & 0 \end{pmatrix}$. Find $C^2 - C$.

$C^2 = C \cdot C = \begin{pmatrix} i & i \\ 0 & 0 \end{pmatrix} \begin{pmatrix} i & i \\ 0 & 0 \end{pmatrix} = \begin{pmatrix} i^2 & i^2 \\ 0 & 0 \end{pmatrix} =$

$= \begin{pmatrix} -1 & -1 \\ 0 & 0 \end{pmatrix}$

$C^2 - C = \begin{pmatrix} -1 & -1 \\ 0 & 0 \end{pmatrix} - \begin{pmatrix} i & i \\ 0 & 0 \end{pmatrix}$

$C^2 - C = \begin{pmatrix} -1 - i & -1 - i \\ 0 & 0 \end{pmatrix}$

****

Let $C = \begin{pmatrix} i & i \\ 0 & 0 \end{pmatrix}$. Find the sum $C + C^T$.

$$C + C^T = \begin{pmatrix} i & i \\ 0 & 0 \end{pmatrix} + \begin{pmatrix} i & 0 \\ i & 0 \end{pmatrix} = \begin{pmatrix} 2i & i \\ i & 0 \end{pmatrix}$$

****

Let $C = \begin{pmatrix} i & i \\ 0 & 0 \end{pmatrix}$. Find the difference $C - C^T$.

$$C - C^T = \begin{pmatrix} i & i \\ 0 & 0 \end{pmatrix} - \begin{pmatrix} i & 0 \\ i & 0 \end{pmatrix} = \begin{pmatrix} 0 & i \\ -i & 0 \end{pmatrix}$$

****

Let $C = \begin{pmatrix} i & i \\ 0 & 0 \end{pmatrix}$. Find the sum $C + C^*$.

$$C + C^* = \begin{pmatrix} i & i \\ 0 & 0 \end{pmatrix} + \begin{pmatrix} -i & -i \\ 0 & 0 \end{pmatrix} = \begin{pmatrix} 0 & 0 \\ 0 & 0 \end{pmatrix}$$

****

Let $C = \begin{pmatrix} i & i \\ 0 & 0 \end{pmatrix}$. Find the difference $C - C^*$.

$$C + C^* = \begin{pmatrix} i & i \\ 0 & 0 \end{pmatrix} - \begin{pmatrix} -i & -i \\ 0 & 0 \end{pmatrix} = \begin{pmatrix} 2i & 2i \\ 0 & 0 \end{pmatrix}$$

****

Let $C = \begin{pmatrix} \int_0^1 x^2 dx + i & \int_0^{\frac{\pi}{2}} \cos x dx - i \\ 0 & 0 \end{pmatrix}$.

Find the conjugate C^*.

$$C = \begin{pmatrix} \int_0^1 x^2 dx + i & \int_0^{\frac{\pi}{2}} \cos x dx - i \\ 0 & 0 \end{pmatrix}$$

$$C = \begin{pmatrix} \frac{x^3}{3} \big|_0^1 + i & \sin x \big|_0^{\frac{\pi}{2}} - i \\ 0 & 0 \end{pmatrix}$$

$$C = \begin{pmatrix} \frac{1}{3} + i & 1 - i \\ 0 & 0 \end{pmatrix}$$

$$C^* = \begin{pmatrix} \frac{1}{3} - i & 1 + i \\ 0 & 0 \end{pmatrix}$$

****

****

Let $C = \begin{pmatrix} a & b \\ c & d \end{pmatrix}$, where

$$a = \lim_{x \to +\infty} xe^{-x}$$

$$b = \lim_{x \to e} x \ln x$$

$$c = \lim_{x \to 1} (x^3 + \ln x)$$

$$d = \lim_{x \to \frac{\pi}{2}} e^{x^2}$$

Find the sum $C + \begin{pmatrix} i & i \\ i & i \end{pmatrix}$.

$$C = \begin{pmatrix} a & b \\ c & d \end{pmatrix} = \begin{pmatrix} 0 & e \\ 1 & e^{\frac{\pi^2}{4}} \end{pmatrix}$$

$$C + \begin{pmatrix} i & i \\ i & i \end{pmatrix} = \begin{pmatrix} 0 & e \\ 1 & e^{\frac{\pi^2}{4}} \end{pmatrix} + \begin{pmatrix} i & i \\ i & i \end{pmatrix}$$

$$C + \begin{pmatrix} i & i \\ i & i \end{pmatrix} = \begin{pmatrix} i & e+i \\ 1+i & e^{\frac{\pi^2}{4}}+i \end{pmatrix}$$

****

****

Let $C = \begin{pmatrix} z^2 & 0 \\ 0 & z^2 \end{pmatrix}$. Solve the equation $C = I$

$$\begin{pmatrix} z^2 & 0 \\ 0 & z^2 \end{pmatrix} = \begin{pmatrix} 1 & 0 \\ 0 & 1 \end{pmatrix}$$

$$z^2 = 1$$

$$(z-1)(z+1) = 0$$

$$z = 1 \text{ or } z = -1$$

****

Let $C = \begin{pmatrix} z^2 & 0 \\ 0 & z^2 \end{pmatrix}$.

Solve the equation $C = -I$.

$$\begin{pmatrix} z^2 & 0 \\ 0 & z^2 \end{pmatrix} = \begin{pmatrix} -1 & 0 \\ 0 & -1 \end{pmatrix}$$

$$z^2 = -1$$

$$z^2 + 1 = 0$$

$$z^2 - i^2 = 0$$

$$(z-i)(z+i) = 0$$

$$z = \pm i$$

****

Let $A = \begin{pmatrix} z^2 & 0 \\ 0 & z^2 \end{pmatrix}$ and $B = \begin{pmatrix} w^2 & 0 \\ 0 & w^2 \end{pmatrix}$.

Solve the equation $A = B$.

$$\begin{pmatrix} z^2 & 0 \\ 0 & z^2 \end{pmatrix} = \begin{pmatrix} w^2 & 0 \\ 0 & w^2 \end{pmatrix}$$

$$z^2 = w^2$$

$$(z - w)(z + w) = 0$$

$$z = \pm w$$

****

Let $A = \begin{pmatrix} z^2 & 0 \\ 0 & z^2 \end{pmatrix}$ and $B = \begin{pmatrix} w^2 & 0 \\ 0 & w^2 \end{pmatrix}$

Solve the equation $A^T = B^T$.

$$A^T = \begin{pmatrix} z^2 & 0 \\ 0 & z^2 \end{pmatrix}$$

$$B^T = \begin{pmatrix} w^2 & 0 \\ 0 & w^2 \end{pmatrix}$$

$$\begin{pmatrix} z^2 & 0 \\ 0 & z^2 \end{pmatrix} = \begin{pmatrix} w^2 & 0 \\ 0 & w^2 \end{pmatrix}$$

$$z = \pm w$$

****

Let $A = \begin{pmatrix} z^2 & 0 \\ 0 & z^2 \end{pmatrix}$ and $B = \begin{pmatrix} w^2 & 0 \\ 0 & w^2 \end{pmatrix}$.

Solve the equation $AB = I$.

$$AB = \begin{pmatrix} z^2 & 0 \\ 0 & z^2 \end{pmatrix} \begin{pmatrix} w^2 & 0 \\ 0 & w^2 \end{pmatrix}$$

$$AB = \begin{pmatrix} (zw)^2 & 0 \\ 0 & (zw)^2 \end{pmatrix}$$

$$AB = I$$

$$\begin{pmatrix} (zw)^2 & 0 \\ 0 & (zw)^2 \end{pmatrix} = \begin{pmatrix} 1 & 0 \\ 0 & 1 \end{pmatrix}$$

$$(zw - 1)(zw + 1) = 0$$

$$zw = \pm 1$$

****

Let $A = \begin{pmatrix} z^2 & 0 \\ 0 & z^2 \end{pmatrix}$ and $B = \begin{pmatrix} w^2 & 0 \\ 0 & w^2 \end{pmatrix}$.

Solve the equation $AB = \lambda I$.

$$AB = \begin{pmatrix} z^2 & 0 \\ 0 & z^2 \end{pmatrix} \begin{pmatrix} w^2 & 0 \\ 0 & w^2 \end{pmatrix}$$

$$AB = \begin{pmatrix} (zw)^2 & 0 \\ 0 & (zw)^2 \end{pmatrix}$$

$$AB = \lambda I$$

$$\begin{pmatrix} (zw)^2 & 0 \\ 0 & (zw)^2 \end{pmatrix} = \begin{pmatrix} \lambda & 0 \\ 0 & \lambda \end{pmatrix}$$

$$(zw)^2 = \lambda$$

$$zw = \pm\sqrt{\lambda}$$

****

Let $A = \begin{pmatrix} z^2 & 0 \\ 0 & z^2 \end{pmatrix}$ and $B = \begin{pmatrix} w^2 & 0 \\ 0 & w^2 \end{pmatrix}$.

Solve the equation $AB = A$.

$$AB = \begin{pmatrix} z^2 & 0 \\ 0 & z^2 \end{pmatrix}\begin{pmatrix} w^2 & 0 \\ 0 & w^2 \end{pmatrix}$$

$$AB = \begin{pmatrix} (zw)^2 & 0 \\ 0 & (zw)^2 \end{pmatrix}$$

$$\begin{pmatrix} (zw)^2 & 0 \\ 0 & (zw)^2 \end{pmatrix} = \begin{pmatrix} z^2 & 0 \\ 0 & z^2 \end{pmatrix}$$

$$(zw)^2 = z^2$$

$$z^2(w-1)(w+1) = 0$$

****

Let $A = \begin{pmatrix} z^2 & 0 \\ 0 & z^2 \end{pmatrix}$ and $B = \begin{pmatrix} w^2 & 0 \\ 0 & w^2 \end{pmatrix}$.

Solve the equation $|A| = |B|$.

$$|A| = |B|$$

$$z^4 = w^4$$

$$z^4 - w^4 = 0$$

$$(z^2)^2 - (w^2)^2 = 0$$

$$(z-w)(z+w)(z-iw)(z+iw) = 0$$

$$z = \pm w$$

$$z = \pm iw$$

****

Let $A = \begin{pmatrix} z^2 & 0 \\ 0 & z^2 \end{pmatrix}$. Solve the equation $|A| = 0$.

$$|A| = 0$$

$$z^4 = 0$$

$$z = 0$$

Fourier series

$$f(x) = \frac{a_0}{2} + \sum_{n=0}^{\infty} a_n \cos\left(\frac{n\pi x}{L}\right) + \sum_{n=0}^{\infty} b_n \sin\left(\frac{n\pi x}{L}\right)$$

Find the complex Fourier Series.

With the assistance of the Euler's formula, we could write sines and cosines in the following way.

$$\cos\left(\frac{n\pi x}{L}\right) = \frac{e^{\frac{in\pi x}{L}} + e^{\frac{-in\pi x}{L}}}{2}$$

$$\sin\left(\frac{n\pi x}{L}\right) = \frac{e^{\frac{in\pi x}{L}} - e^{\frac{-in\pi x}{L}}}{2i}$$

Hence the expression of Fourier Series will be transformed.

$$f(x) = \frac{a_0}{2} + \sum_{n=0}^{\infty} a_n \frac{e^{\frac{in\pi x}{L}} + e^{\frac{-in\pi x}{L}}}{2} + \sum_{n=0}^{\infty} b_n \frac{e^{\frac{in\pi x}{L}} - e^{\frac{-in\pi x}{L}}}{2i}$$

$$f(x) = \frac{a_0}{2} + \frac{1}{2}\sum_{n=0}^{\infty} a_n (e^{\frac{in\pi x}{L}} + e^{\frac{-in\pi x}{L}}) + \sum_{n=0}^{\infty} b_n (e^{\frac{in\pi x}{L}} - e^{\frac{-in\pi x}{L}})\frac{1}{i}$$

$$f(x) = \frac{a_0}{2} + \frac{1}{2}\sum_{n=0}^{\infty} \{e^{\frac{in\pi x}{L}}(a_n - ib_n) + e^{\frac{-in\pi x}{L}}(a_n + ib_n)\}$$

Hilbert space and inner complex product.

The inner product of a pair of complex numbers z and w is the product of z with the complex conjugate of w:

$$<z,w> = zw^*$$

****

Let $z = 1+i, w = 1+2i$. Find the inner complex product $<z,w>$.

$$<z,w> = zw^* = (1+i)(1-2i)$$

$$<z,w> = 1 - 2i + i - 2i^2$$

$$<z,w> = 1 - 2i + i + 2 = 3 - i$$

****

Let $z = 2+i, w = 1+i$. Find the inner complex product $<z,w>$.

$$<z,w> = zw^* = (2+i)(1-i)$$

$$<z,w> = 2 - 2i + i - i^2 = 3 - i$$

****

****

Let $z = 1 + 2i, w = 1 + 4i$. Find the inner complex product $<z, w>$.

$$<z, w> = zw^* = (1 + 2i)(1 - 4i)$$

$$<z, w> = 1 - 4i + 2i + 8 = 9 - 2i$$

****

Let $z = 5, w = 1 + i$. Find the inner complex product $<z, w>$.

$$<z, w> = zw^* = 5(1 - i) = 5 - 5i$$

****

Let $z = cos\theta + isin\theta, w = cos\theta - isin\theta$.

Find the inner complex product $<z, w>$.

$$<z, w> = (cos\theta + isin\theta)(cos\theta + isin\theta)$$

$$<z, w> = (cos\theta + isin\theta)^2$$

$$<z, w> = (cos\theta)^2 + 2icos\theta sin\theta - (sin\theta)^2$$

$$<z, w> = (cos\theta)^2 - (sin\theta)^2 + 2icos\theta sin\theta$$

$$<z, w> = cos2\theta + isin2\theta$$

Principal logarithm.

Let $z = x + yi$. The principal logarithm of complex number of z is :

$$lnz = \ln(|z|e^{i\theta}) = \ln|z| + i\theta$$

****

Let $z = 2\, e^{\frac{i\pi}{4}}$. Find the principal logarithm of z.

$$lnz = \ln(|z|e^{i\theta}) = \ln\left(2\, e^{\frac{i\pi}{4}}\right)$$

$$lnz = ln2 + \ln\left(e^{\frac{i\pi}{4}}\right)$$

$$lnz = ln2 + \frac{i\pi}{4}$$

****

Let $z = \frac{5}{3}\, e^{\frac{i\pi}{2}}$. Find the principal logarithm of z.

$$lnz = \ln(|z|e^{i\theta}) = \ln\left(\frac{5}{3}\, e^{\frac{i\pi}{2}}\right)$$

$$lnz = \ln\left(\frac{5}{3}\right) + \ln\left(e^{\frac{i\pi}{2}}\right)$$

$$lnz = \ln\left(\frac{5}{3}\right) + \frac{i\pi}{2}$$

****

Let $z = \frac{\sqrt{2}}{2} e^{i\pi}$. Find the principal logarithm of z.

$$lnz = \ln(|z|e^{i\theta}) = \ln\left(\frac{\sqrt{2}}{2} e^{i\pi}\right)$$

$$lnz = \ln\left(\frac{\sqrt{2}}{2}\right) + \ln(e^{i\pi})$$

$$lnz = \ln\left(\frac{\sqrt{2}}{2}\right) + i\pi$$

****

Let $z = r e^{i\theta}$ and the conjugate $z^* = r e^{-i\theta}$. Find the expression $lnz + lnz^*$.

$$lnz + lnz^* = \ln(zz^*) = \ln(r e^{i\theta} r e^{-i\theta})$$

$$lnz + lnz^* = \ln(r^2) = 2lnr$$

****

Let $z = 2r\, e^{i\theta}$ and the conjugate $z^* = 2r\, e^{-i\theta}$. Find the expression $lnz - lnz^*$.

$$lnz + lnz^* = \ln(zz^*)$$

$$lnz + lnz^* = \ln(2r\, e^{i\theta}\, 2r\, e^{-i\theta})$$

$$lnz + lnz^* = \ln(4r^2)$$

$$lnz + lnz^* = ln4 + lnr^2$$

$$lnz + lnz^* = ln4 + 2lnr$$

****

Let $z = kr\, e^{i\theta}$ and the conjugate $z^* = kr\, e^{-i\theta}$. Find the expression $lnz + lnz^*$.

$$lnz + lnz^* = \ln(zz^*)$$

$$lnz + lnz^* = \ln(kr\, e^{i\theta}\, kr\, e^{-i\theta})$$

$$lnz + lnz^* = \ln(k^2 r^2)$$

$$lnz + lnz^* = lnk^2 + lnr^2$$

$$lnz + lnz^* = 2lnk + 2lnr$$

$$lnz + lnz^* = 2[lnk + lnr]$$

Solving differential equations with the assistance of complex numbers.

Let us have the differential equation

$$\frac{d^2y}{dt^2} + \frac{3dy}{dt} + 2y = 1.$$

Solve the differential equation using the appropriate transformation.

$$\frac{d^2y}{dt^2} + \frac{3dy}{dt} + 2y = 1.$$

$$s^2 Y(s) + 3sY(s) + 2Y(s) = \frac{1}{s}$$

$$Y(s)(s^2 + 3s + 2) = \frac{1}{s}$$

$$Y(s) = \frac{1}{s(s^2 + 3s + 2)}$$

$$Y(s) = \frac{1}{s(s+1)(s+2)}$$

By using the partial functions, we have that

$$\frac{1}{s(s+1)(s+2)} = \frac{\alpha}{s} + \frac{\beta}{(s+1)} + \frac{\gamma}{(s+2)}$$

By using the method of Heavyside ,we can easily find the coefficients α,β,γ.

$$\alpha = \lim_{s \to 0} \frac{1}{s(s+1)(s+2)} s$$

$$\alpha = \lim_{s \to 0} \frac{1}{(s+1)(s+2)}$$

$$\alpha = \frac{1}{(0+1)(0+2)} = \frac{1}{2}$$

$$\beta = \lim_{s \to -1} \frac{1}{s(s+1)(s+2)} (s+1)$$

$$\beta = \lim_{s \to -1} \frac{1}{s(s+2)} = \frac{1}{(-1)(-1+2)} = -1$$

$$\gamma = \lim_{s \to -2} \frac{1}{s(s+1)(s+2)} (s+2)$$

$$\gamma = \lim_{s \to -2} \frac{1}{s(s+1)} = \frac{1}{(-2)(-2+1)} = \frac{1}{2}$$

$$y(t) = \frac{1}{2} L^{-1}\left\{\frac{1}{s}\right\} - L^{-1}\left\{\frac{1}{s+1}\right\} + \frac{1}{2} L^{-1}\left\{\frac{1}{s+2}\right\}$$

$$y(t) = \frac{1}{2} - e^{-t} + \frac{1}{2} e^{-2t}$$

Let us have a circuit with three elements, a voltage source, a capacitor and an inductor. Find the period of the electrical oscillation, with the assistance of complex numbers.

The total impedance of the circuit is

$$X_t = X_L + X_C$$

X_L is the impedance of the inductor and the X_C is the impedance of the capacitor.

The impedance of the inductor is $X_L = sL$.

The impedance of the capacitor is

$$X_C = \frac{1}{sC}$$

$$X_t = X_L + X_C$$

$$X_t = sL + \frac{1}{sC}$$

$$X_t(i\omega) = i\omega L + \frac{1}{i\omega C}$$

$$X_t(i\omega) = i\omega L - \frac{i}{\omega C}$$

$$\omega L - \frac{1}{\omega C} = 0$$

$$\omega L = \frac{1}{\omega C}$$

$$\omega^2 = \frac{1}{LC}$$

$$\frac{4\pi^2}{T^2} = \frac{1}{LC}$$

$$T = 2\pi\sqrt{LC} \text{(period of oscillation)}$$

****

Let us have the following transfer function :

$$H(s) = \frac{1}{s^2 + \frac{\omega_o}{Q}s + \omega_o^2}$$

Under what condition ,the transfer function belongs to the set of imaginary numbers ?

$$H(i\omega) = \frac{1}{(i\omega)^2 + \frac{\omega_o i\omega}{Q} + \omega_o^2}$$

$$H(i\omega) = \frac{1}{-\omega^2 + \frac{\omega_o i\omega}{Q} + \omega_o^2}$$

$$H(i\omega) = \frac{1}{\omega_o^2 - \omega^2 + \frac{\omega_o i\omega}{Q}}$$

$$H(i\omega) = \frac{\omega_o^2 - \omega^2 - \frac{\omega_o i\omega}{Q}}{(\omega_o^2 - \omega^2)^2 + \left(\frac{\omega_o i\omega}{Q}\right)^2}$$

$$Re\{H(i\omega)\} = \frac{\omega_o^2 - \omega^2}{(\omega_o^2 - \omega^2)^2 + \left(\frac{\omega_o i\omega}{Q}\right)^2}$$

$$Im\{H(i\omega)\} = -\frac{\frac{\omega_o i\omega}{Q}}{(\omega_o^2 - \omega^2)^2 + \left(\frac{\omega_o i\omega}{Q}\right)^2}$$

$$Re\{H(i\omega)\} = 0$$

$$\omega_o^2 - \omega^2 = 0$$

$$(\omega_0 - \omega)(\omega_0 + \omega) = 0$$

$$\omega_0 - \omega = 0$$

$$\omega = \omega_0$$

****

Let us have 2 parallel complex resistors $z_1 = i$ and $z_2 = 1 - i$. Find the total complex resistor.

$$z_t = \frac{z_1 \cdot z_2}{z_1 + z_2}$$

$$z_t = \frac{i(1-i)}{i + 1 - i}$$

$$z_t = i(1-i) = i - i^2 = i - (-1) = 1 + i$$

****

Let us have 2 parallel complex resistors $z_1 = i$ and $z_2 = 1 + 2i$. Find the total complex resistor.

$$z_t = \frac{z_1 \cdot z_2}{z_1 + z_2}$$

$$z_t = \frac{i(1 + 2i)}{i + 1 + 2i}$$

$$z_t = \frac{i(1+2i)}{1+3i}$$

$$z_t = \frac{i+2i^2}{1+3i} = \frac{i-2}{1+3i}$$

$$z_t = \frac{(i-2)(1-3i)}{(1+3i)(1-3i)}$$

$$z_t = \frac{i-3i^2-2+6i}{10}$$

$$z_t = \frac{i+3-2+6i}{10}$$

$$z_t = \frac{1+7i}{10} = \frac{1}{10} + \frac{7}{10}i$$

****

Let $f(z) = z^2 + z + 3$. Find $f'(z)$ and solve the equation $\frac{f(z)}{f'(z)} = 1$.

$$f'(z) = 2z + 1$$

$$\frac{f(z)}{f'(z)} = 1$$

$$\frac{z^2+z+3}{2z+1} = 1$$

$$z^2 + z + 3 = 2z + 1$$

$$z^2 - z + 2 = 0$$

$$D = 1 - 8 = -7 = 7i^2$$

$$z_{1,2} = \frac{1 \pm i\sqrt{7}}{2}$$

****

Let $f(z) = z^2 + z + 3$. If $f(z) = f(z^*)$, show that $z = z^*$ or $z + z^* = -1$.

$$f(z) = f(z^*)$$

$$z^2 + z + 3 = z^{*2} + z^* + 3$$

$$z^2 + z = z^{*2} + z^*$$

$$z^2 - z^{*2} = z^* - z$$

$$(z - z^*)(z + z^*) = z^* - z$$

$$(z - z^*)(z + z^*) + z - z^* = 0$$

$$(z - z^*)(z + z^* + 1) = 0$$

$$z - z^* = 0$$

$$z = z^*$$

$$z + z^* + 1 = 0$$

$$z + z^* = -1$$

****

Let $f(z) = z^2 + z + 3$. Find the value of a for which the equation $f(az) = af(z)$ is satisfied.

$$f(az) = af(z)$$

$$a^2z^2 + az + 3 = az^2 + az + 3a$$

$$a^2z^2 + 3 = az^2 + 3a$$

$$a^2 = a$$

$$a^2 - a = a(a - 1) = 0$$

$$a = 1$$

For $a = 1$, the equation is satisfied.

Let $f(z) = z^2 + z + 3$. Solve the equation

$$\frac{f(z)}{f'(z)} = \frac{f'(z)}{f(z)}$$

$$\frac{f(z)}{f'(z)} = \frac{f'(z)}{f(z)}$$

$$[f(z)]^2 = [f'(z)]^2$$

$$[f(z)]^2 - [f'(z)]^2 = 0$$

$$f(z) = f'(z)$$

$$z^2 + z + 3 = 2z + 1$$

$$z^2 - z + 2 = 0$$

$$D = 1 - 8 = -7 = 7i^2$$

$$z_{1,2} = \frac{1 \pm i\sqrt{7}}{2}$$

$$f(z) = -f'(z)$$

$$z^2 + z + 3 = -2z - 1$$

$$z^2 + 3z + 4 = 0$$

$$D = 9 - 16 = -7 = 7i^2$$

$$z_{1,2} = \frac{-3 \pm i\sqrt{7}}{2}$$

****

Let $f(z) = z^2 + z + 3$ and z is an imaginary number. Find for what value, f is an imaginary number.

$$f(z) = z^2 + z + 3$$

$$f(yi) = (yi)^2 + yi + 3$$

$$f(yi) = (yi)^2 + yi + 3$$

$$f(yi) = -y^2 + yi + 3$$

$$f(yi) = 3 - y^2 + yi$$

$$Re\{f(yi)\} = 0$$

$$3 - y^2 = 0$$

$$(\sqrt{3} - y)(\sqrt{3} + y) = 0 \Rightarrow y = \pm\sqrt{3}$$

REFERENCES

[1] Real and Complex Analysis – Walter Rudin

[2] Complex Analysis – Lars Ahlfors

[3] Cracking the GRE Math Subject Test – Steven Leduc

[4] Complex Numbers – Evangelos Spandagos

[5] Active and Passive Electronic Filters – Hercules Demopoulos

[6] Signals and Systems – Hercules Demopoulos

www.ingramcontent.com/pod-product-compliance
Lightning Source LLC
Chambersburg PA
CBHW030905180526
45163CB00004B/1712